BETRIEBSANLEITUNG
MBA-DAMPFLOKOMOTIVEN

Lok.-Nr.: ....

MASCHINENBAU UND BAHNBEDARF A·G

VORMALS ORENSTEIN & KOPPEL · BERLIN

WERK BABELSBERG

011/2

MBH 48241

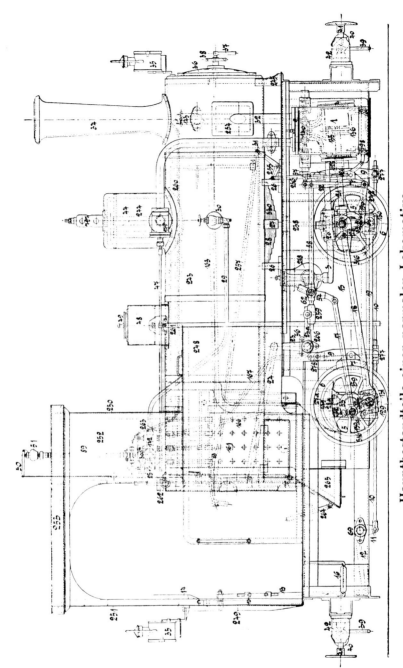

Hauptbestandteile einer normalen Lokomotive

Erläuterungen auf den Seiten 3—8, 12—17

2

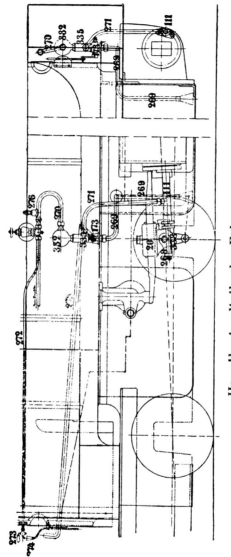

Hauptbestandteile der Fahrpumpe

Erläuterungen auf den Seiten 15, 29—30

3

Hauptbestandteile
einer normalen Lokomotive

1 Dampfzylinder
2 Schieberkastendeckel
3 Gleitbahn
4 Vorderer Zylinderdeckel
5 Radstern
6 Radreifen
7 Bremsklotz
9 Bremsgehänge
10 Bremszugstange
11 Senkrechter Hebel
   zur Bremse
12 Waagerechter Hebel
   zur Bremse
13 Bremszugstange
14 Bremswurfhebel mit
   Gewicht
15 Rahmen
16 Fußtritt
17 Schwingenstange
18 Treibstange
19 Kuppelstange
20 Kreuzkopf
21 Kolbenstange
22 Voreilhebel
23 Steuerhebel, rechts
23a Waagerechter Steuerhebel,
    links
24 Steuerstange
25 Steuerhändel
26 Langfederspanner
27 Langfederbund
27a Querfederbund
28 Langfeder
28a Querfeder

29 Dampfstrahlpumpen-
   druckrohr
30 Speiseventil
31 Einströmrohr
32 Auströmrohr
34 Schornstein
35 Signal-Laterne
36 Rauchkammertür
37 Handgriff
38 Handrad
39 Zugöse
40 Zughaken
41 Puffer
42 Puffergehäuse
44 Dampfdom
47 Reglerzugstange
48 Sandkasten
49 Sandkastendeckel
50 Pfeifenhebel
51 Pfeife
52 Achslagergehäuse
53 Achslagerschale
54 Schwinge
56 Steuerwellenlager
57 Schieberstange
58 Schieberschubstange
62 Schwingenstein
63 Steuerbock
65 Oelkasten
66 Treibzapfen
67 Kuppelzapfen
68 Achse
69 Bremswellenlager
74 Dampfentnahmestutzen

4

Die Hauptbestandteile der Lokomotiv-Steuerung Bauart „Heusinger von Waldegg"

17 Schwingenstange
22 Voreilhebel
23 Steuerhebel
23a Waagerechter Steuer-
   hebel

24 Steuerstange
25 Steuerhändel
54 Schwinge
57 Schieberstange
58 Schieberschubstange
62 Schwingenstein

63 Steuerbock
140 Schieber
150 Lenkerstange
259 Schieberschub-
   stangenführung

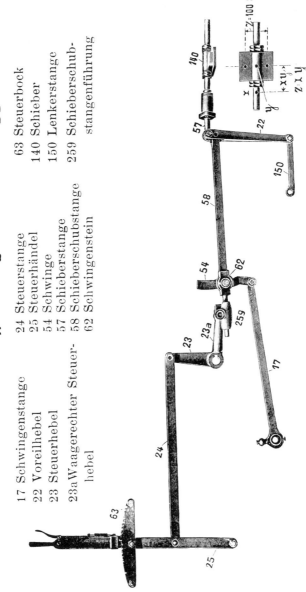

Abbildung einer Heusinger-Steuerung mit Nummern der betr. Einzelteile

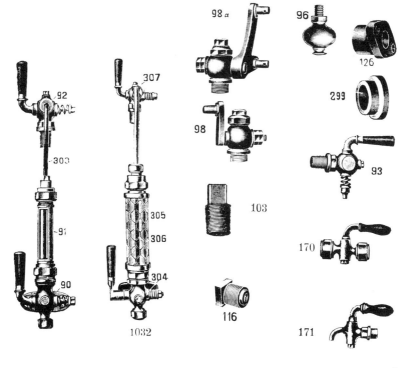

9

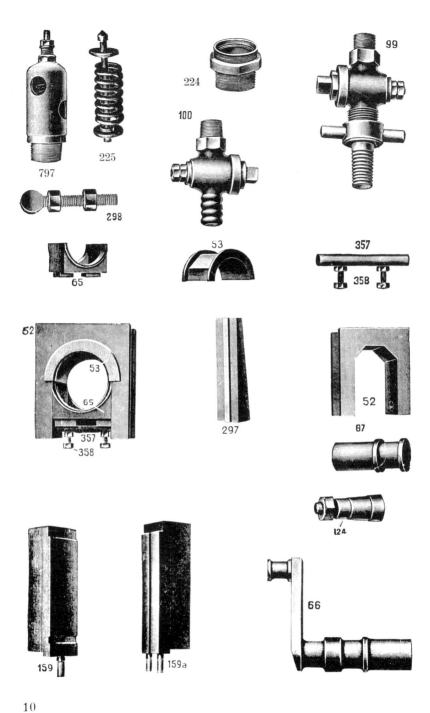

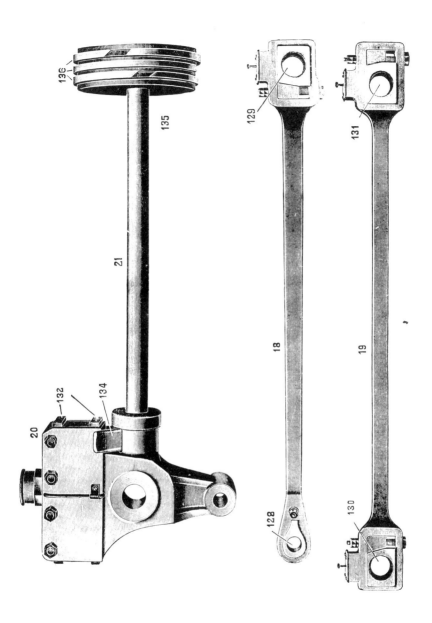

Montage-Anleitung
für Lokomotiven mit Steuerung
Bauart „Heusinger von Waldegg"

Allgemeines

Die Lokomotive muß so auf das Gleis gesetzt werden, daß bergauf stets vorwärts und bergab stets rückwärts gefahren wird, sonst kann es vorkommen, daß die Feuerbüchsdecke nicht vom Kesselwasser bespült wird und infolgedessen ausglüht.

Radsätze

Die Treib- und Kuppelradsätze 516 werden nach der in der Montagezeichnung auf Seite 2 angegebenen Reihenfolge derart auf die Schienen gestellt, daß die Zapfen 66 und 67 der rechten Lokomotivseite nach unten zeigen.

Achslager

Nachdem die Achsschenkel der Radsätze gut eingefettet sind, werden die Achslagergehäuse 52 mit den Lagerschalen 53 auf die Schenkel gebracht, die Oelkästen 65 nebst Schmierpolster untergesetzt und durch Halter 357 mit den Achslagergehäusen 52 verbunden.

Rahmen und Federn

Die Federstifte 238 der vorderen Langfedern werden in die dazugehörigen Lager eingebracht und die Langfedern 530 entsprechend befestigt. Die Federstützen 241, die zur Aufnahme der Querfeder dienen, werden in die Achskisten 52 des hinteren Radsatzes 516 gesteckt und hier auf die Querfeder 549 gelegt. Jetzt kann mit dem Aufsetzen des Rahmens 15 begonnen werden. Letzterer wird auf die Achsen 516 gebracht, die Stellkeile 297 mit den dazugehörigen Schrauben 298 in die Achslagerführung 159a eingeschoben, die Achsgabelstege angeschraubt, und die Stellkeile durch Muttern an den Achsgabelstegen befestigt. Das Wasserkastenverbindungsrohr 242, das die beiden durch die vordere Achse getrennten Wasserkästen miteinander verbindet, kann jetzt angeschraubt werden.

Kessel

Zuerst ist das Dampfentnahmerohr 244 in den Dom einzubringen und der Regler 179 an dem Dom zu befestigen. Der Rauchkammerträger 245 wird jetzt an den Rahmen geschraubt und dann der Kessel aufgesetzt. Der Rauchkammerschuß wird mit dem Rauchkammerträger 245 verschraubt, während der hintere Teil des Kessels nur mittels Stiftschrauben in den Kesselträgern, die mit Langlöchern versehen sind, geführt wird, damit beim Erwärmen desselben ein Ausdehnen nach hinten möglich ist. Alsdann ist der Kessel mit der Verkleidung 243 zu versehen, die aus den vorderen und hinteren Schüssen, den Feuerbüchsmänteln und der Kesselrückwandverkleidung besteht. Die hintere Verkleidung wird durch Schrauben, die Schüsse durch die Ziehbänder zusammengehalten.

Feinausrüstung

Nach erfolgter Montage des Kessels sind folgende Teile anzubauen: Dampfentnahmestutzen 300, Dampfstrahlpumpen 142, Kesselspeiseventile 30, Wasserstandsanzeiger 528, Prüfhähne 93, Sicherheitsventile 797 und Feuertür 247.

Führerhaus und Kästen für Brennmaterial

Die beiden seitlichen Kästen 248 für Brennmaterial und die untere Rückwand 249 werden jetzt mit dem Rahmen fest verschraubt, die Vorderwand 250, die obere Rückwand 251, die beiden Seitenwände 252 und das Dach 253 aufgesetzt und befestigt.

Dampfpfeife

Das Pfeifenrohr 89 kann jetzt zusammen mit der Pfeife 51 montiert werden.

Rauchkammer

Das Blasrohr 143 wird nun an dem Rauchkammerschuß befestigt.

Die Einströmrohre 31 sowie die Ausströmrohre 32 können eingebaut und die Paßbleche 254 angeschraubt werden.

Schornstein, Sandkasten

Hierauf ist der Schornstein 34 auf den Rauchkammerschuß zu setzen, desgleichen der Sandkasten 48, mit dem Deckel 49 auf die Kesselbekleidung 243.

Zylinderhahnzug

Die obere Welle 255 mit Lagern und Hebeln ist mit dem Rahmen 15 zu verschrauben; ferner sind die Zugstangen 256 und 257 an den Hebeln zu befestigen.

Bremse

Der Bremswurfhebel 14 mit Gewicht ist an die Rückwand 249 zu schrauben und die Zugstange 13 mit dem Hebel 12 zu verbinden. Die Bremsgehänge 9 mit Bremsklötzen 7 werden auf die Bremsgehängeträger 278 gesteckt und unten durch die Bremsbalken 277 zusammengehalten. Jetzt wird die Zugstange 10 mit dem Hebel 11 durch Bolzen verbunden und durch Muttern an den Bremsbalken befestigt.

Steuerung und Stangen

Die Kreuzköpfe 20 sind auf die Gleitbahnen 3 zu bringen und mit den Kolbenstangen 21 durch Keile zu verbinden. Alsdann sind die Kuppelstangen 19 mit den dazugehörigen Lagerschalen 130 und 131 sowie Keilen und Schrauben zu montieren, desgleichen die Treibstange 18 mit den Lagern 128 und 129. Nun kann die Steuerwelle 266 eingebracht werden. Dann befestige man die Steuerwellenlager 56 und die Steuerhebel rechts 23 und links 23a. Hierauf sind die Schwingen 54 an den Gleitbahnträgern 258 anzubringen, dann die Voreilhebel 22 mit den Schieberstangen 57 durch Bolzen zu verbinden, ebenso die Lenkerstangen 150 mit den Kreuzköpfen 20 und Voreilhebeln 22. Nun lassen sich die Schieberschubstangen 58 in die hinteren Führungen 259 und in die Schwingen 54 einschieben und an ihren vorderen Enden mit den Voreilhebeln 22 durch Bolzen verbinden. Die Schwingenstangen 17 werden mit dem hinteren Ende auf die Zapfen des hinteren Radsatzes gesteckt; das vordere Ende wird mit der Schwinge 54 vereinigt. Das Steuerhändel 25 ist hierauf anzubauen und mit dem Steuerhebel 23 durch die Steuerstange 24 zu verbinden.

Bei der Montage der Steuerung und Stangen ist darauf zu achten, daß sämtliche der Reibung ausgesetzten Teile vor dem Zusammenbau sauber gereinigt und eingefettet werden. Um ein Verwechseln der einzelnen Stücke zu vermeiden, sind diese durch Aufschlagen von Buchstaben gezeichnet, und zwar derart, daß die Stempelung nach außen zeigt. Die aufgestempelten Abkürzungen bedeuten R = rechts, L = links, R I = rechts innen, R A = rechts außen, R V = rechts vorn, R H = rechts hinten, L V = links vorn, L H = links hinten usw.

Rohre und Züge

Jetzt kann mit der Montage der Rohre begonnen werden, und zwar die der Dampfstrahlpumpen-Druckrohre 29, Dampfstrahlpumpen-Saugrohre 167, Schlabberrohre 166, Bläserrohre 260 und der Sandrohre 261. Hierauf ist der Reglerbock 262 an der Kesselbekleidung 243 zu befestigen und durch die Zugstange 47 mit dem Regler 179 zu verbinden. Die Zugstange 263 ist an dem Hebel des Sandkastens 48 zu befestigen, desgleichen die Zugstange 264 an der Klappe des Aschkastens 265. Es ist darauf zu achten, daß alle Rohrverbindungen, die keine Linsendichtung haben, solche aus Asbest oder Klingerit erhalten.

Montage der Fahrpumpe

Die Fahrpumpe 111 wird an dem rechten Zylinderdeckel angeschraubt, ebenso der Halter 268 durch den Kreuzkopfbolzen 124 mit dem rechten Kreuzkopf 20 verbunden. Jetzt wird der Kolben zur Fahrpumpe 338 an dem Halter 268 festgeschraubt, der Absperrhahn 173 mit dem Ventilgehäuse 335 und Windkessel 332 auf die Plattform gesetzt und verschraubt. Nun kann mit der Montage der Saugrohre 269, des Druckrohres 270, des Verbindungsrohres 271 zwischen Ventilgehäuse und Fahrpumpe, sowie des Rohres 272, des Prüfhahnes 273 und des Ablaufrohres 274 begonnen werden.

Zum Schluß ist noch die Zugstange 275 an dem Hebel des Absperrhahnes 173 zu befestigen und das Sicherheitsventil 276 in den Stutzen des Druckrohres 270 einzuschrauben.

Mit unseren Lokomotiven liefern wir den Bestellern die von der Aufsichtsbehörde geforderten **Kesselakten,** so daß es nur nötig ist, vor der Eröffnung des Betriebes unter Vorlegung der Kesselakten bei der Ortspolizeibehörde Anzeige zu machen und den Kessel zur Vornahme der gesetzlich vorgeschriebenen laufenden **Revisionen** bei dem zuständigen Dampfkessel-Revisionsverein anzumelden. Der Betriebsunternehmer ist auch dann verpflichtet, den Kessel anzumelden, wenn die Lokomotive nur gemietet worden ist. Das Gesetz unterscheidet nämlich „Besitzer" und „Eigentümer". Besitzer eines Kessels ist derjenige, welcher den Kessel in Betrieb hat, also auch der Mieter, während der Vermieter Eigentümer des Kessels ist.

Die befriedigende Leistung sowie der gute Zustand einer Lokomotive hängen in der Hauptsache vom Maschinenbesitzer selbst ab.

Sorgt dieser dafür, daß streng nach den in dieser Anleitung gegebenen Vorschriften gehandelt wird und sucht er nicht am unrechten Platze zu sparen — wozu auch der Führer, das Oel sowie das Brennmaterial usw. zu rechnen sind —, so wird kaum jemals der Fall eintreten, daß über schlechtes Arbeiten oder zu geringe Leistungsfähigkeit der Lokomotive zu klagen ist. Es dürfte dann auch nicht vorkommen, daß Schäden an der Lokomotive auftreten, für welche der Empfänger glaubt, den Erbauer haftbar machen zu können, während in Wirklichkeit schlechte oder unaufmerksame Wartung die Ursache ist.

Es ist um so mehr erforderlich, daß auf gute Wartung einer Maschine ganz besonders Gewicht gelegt wird, weil sonst schon nach kurzer Zeit der Fall eintreten kann, daß die Maschine völlig zugrunde gerichtet ist und ihre Wiederherstellung einen enormen Kostenaufwand erfordert. Wir lassen nachstehend eine auf Grund reicher Erfahrungen gesammelte Anleitung folgen:

Der Lokomotivführer, möglichst ein gelernter Schlosser, muß nüchtern und gewissenhaft sein und stets mit Aufmerksamkeit den Zustand seiner Lokomotive überwachen. Er muß im Augenblick der Gefahr mit Ruhe seine Maßregeln ergreifen. Er muß bemüht sein, die Bauart und den Zweck der einzelnen Teile der ihm anvertrauten Maschine kennenzulernen, da er sonst nicht in der Lage ist, kleine Arbeiten und Reparaturen rechtzeitig selbst vorzunehmen und richtig auszuführen. Mängel und auffallende Erscheinungen sowie fremde Geräusche muß er beachten und zu ergründen suchen, notfalls sofort dem Besitzer davon Mitteilung machen.

Lokomotiven wochen- oder monatelang unter freiem Himmel stehenzulassen, ist unstatthaft; es muß vielmehr sofort Fürsorge getroffen werden, daß die Aufstellung in einem Bretterschuppen oder, noch besser, in einem Maschinenhause erfolgen kann.

Im Maschinenhause muß Ordnung und große Reinlichkeit herrschen. Die Maschine ist stets sauber und blank zu halten, da nur auf diese Weise Mängel rechtzeitig bemerkt werden können. Zum Putzen darf jedoch nur dort das Schmirgelpapier usw. Verwendung finden, wo keine Gefahr ist, daß Schmirgelkörnchen in ein Schmierloch fallen können. Am besten ist es, möglichst oft mit öligen Putzlappen die blanken Teile abzureiben, besonders in den wenig zugänglichen Winkeln und Ecken, und scharfe Putzmittel ganz zu vermeiden.

Unbefugten ist der Aufenthalt im Maschinenhause zu verbieten.

Alle zur Maschine gehörigen Werkzeuge, Schraubenschlüssel usw., müssen vorhanden und an einem leicht zugänglichen Ort in guter Ordnung aufbewahrt werden, damit sie rasch zur Hand sind.

Alle Materialien, die zur Bedienung und Instandhaltung erforderlich sind, wie Gummiplatte, Dichtungsringe, Asbestplatte, Stopfbüchsen - Dichtungsmaterial, Hanf, Schmieröl für Lager und Zylinder sowie einige Schrauben, Unterlegscheiben, Durchschlag, Meißel, Hammer, Zange und dergleichen, sind in hinreichendem Vorrat zu halten.

Die **Oelkannen** und Oelgefäße sind sehr sauber zu halten und auch im Innern gut zu reinigen.

Talg, Rüböl, also tierische und Pflanzenöle, sind zum Schmieren nicht zu empfehlen; zum Schmieren von Kolben und Schiebern dürfen sie überhaupt keine Verwendung finden. Es sollen nur gute Mineralöle benutzt werden.

Vor **Beginn** des täglichen **Fahrdienstes** ist die Lokomotive in allen ihren Teilen sorgfältig zu untersuchen, sämtliche **Lager** sind gut zu ölen, die Schmiergefäße vollzufüllen, es ist nachzusehen, ob die **Dochte** in den Oelkanälen richtig eingesetzt und ob die Oelkanäle offen sind, weil sonst die Lager bald **warm laufen.** Je nach der Qualität des Oeles kann es sehr leicht vorkommen, daß das dünnflüssige Oel zu rasch von den Dochten abgesaugt wird und die Oelbehälter sich dann schnell leeren, oder es tritt bei zu dickem Oel das Umgekehrte ein, daß die zu starken Dochte zu wenig ansaugen. Die Dochte sind von Zeit zu Zeit zu erneuern, da sie allmählich verschleimen. Die Dochte müssen stets aus groben aber reinen **Wollfäden** (sog. Zephyrwolle) bestehen.

Die **Lagerschalen** der Treib- und Kuppelstangen müssen die Zapfen gut umschließen, ohne zu klemmen; es ist stets darauf acht zu geben, daß weder in den Lagern noch auf den Zapfen **Riefen** oder rauhe Stellen vorhanden sind; solche Mängel entstehen nur durch Heißlaufen der Lager infolge mangelnder Schmierung oder durch Eindringen von Staub und Schmutz in die Lager. Derartig beschädigte Zapfen und Lager müssen mit einer Schlichtfeile wieder völlig glatt gemacht werden, wobei indessen zu beachten ist, daß Feilspäne usw. vor dem Zusammenpassen der Lager sorgfältig entfernt werden. Im dauernden Betriebe nutzen sich die reibenden Teile allmählich ab, so daß sie im Betriebe klopfen und **schlagen.** Zur Beseitigung dieser Schläge, welche von sehr nachteiligem Einfluß auf die Maschine sind, müssen die **Stellkeile** und Schrauben **vorsichtig** angezogen

werden. Schlagen die Lager trotzdem, so sind sie an der Stoß-
fläche nachzufeilen, niemals aber ist an denselben Luft zu geben.

Die sich zuerst abnutzenden Lager sind die Treib- und
Kuppelstangenlager, auf welche daher besonders zu achten ist.

Die **Stopfbüchsen** sind immer gleichmäßig nachzuziehen,
damit sie genau gerade sitzen und die Kolben- und Schieberstangen sich nicht reiben. Nacharbeiten an diesen Teilen erfor-
dern stets Erneuerung der Stopf- und Grundbuchsen.

Die Arbeitsflächen der **Schieber** müssen derart aufgepaßt
sein, daß kein Dampf zwischen Schieber und Schieberspiegel des
Dampfzylinders treten kann: man hat darauf zu achten, daß
die Arbeitsflächen stets glatt bleiben und nicht riefig werden,
da sonst die Lokomotive zu viel Dampf verliert und der Schieber
infolge der überaus großen Abnutzung bald erneuert werden
muß. Die Schieber sind in dem Werk genau reguliert. Zum
Zwecke des leichten Wiederauffindens der richtigen Stellung der
Schieber werden auf diesem in der Entfernung z zwei Körner,
sowie auf der Schieberstange und der Mitte des Schiebers die
Körnerpunkte x und y eingeschlagen. Die Entfernungen z und x—y
sind dieselben und betragen 100 mm (gleich dem mitgelieferten
Stichmaß, siehe Abbildung auf Seite 8).

Eine **Verstellung** der Schieber merkt man übrigens gleich
während der Fahrt an dem ungleichmäßigen Auspuff des Dampfes
aus dem Schornstein.

Wir verwenden bei unseren Lokomotiven die **Steuerung**
nach Bauart „Heusinger von Waldegg" (siehe auch Seite 8).
Die großen **Vorteile** dieser Steuerung sind:

1. Sehr günstige Dampfverteilung. (Konstante lineare Voreilung; schnelles Oeffnen und Schließen der Dampfka-
   näle, infolgedessen geringe Drosselung des Dampfes,
   Unabhängigkeit der Dampfverteilung von den Schwan-
   kungen der Maschine).

2. Als Folge der günstigen Dampfverteilung verhältnis-
   mäßig sehr geringer Kohlenverbrauch.

3. Die Steuerung liegt hoch über den Schienen, so daß sie
   besser gegen den beim Fahren aufgewirbelten Sand usw.
   geschützt wird,

Wenn eine Lokomotive **ungleichmäßigen Auspuff,** also
keinen ordnungsmäßigen Schlag hat, so ist zu kontrollieren, ob
sich der Schieber (140) auf der Schieberstange (57) gelöst hat.

Ist dies der Fall, so ist derselbe wieder nach dem angegebenen Stichmaß z—x—y einzustellen. Der bei unseren Lokomotiven normalerweise zur Verwendung kommende **Zylinder-Schmier-Apparat** (für Schieber und Kolben) ist untenstehend abgebildet.

Unsere Schmierpumpe neuester Bauart ist besonders für den Lokomotivbetrieb entworfen. Sie hat folgende Vorzüge, die sie auch geeignet machen, an die Stelle der mit Dampf betriebenen Vakuumapparate zu treten.

1. **Einstellbarkeit der zu fördernden Oelmengen bis zum geringsten Quantum herunter,**

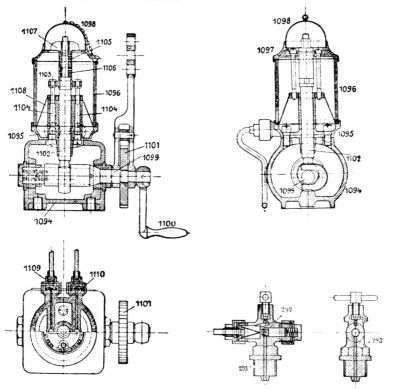

2. **Unabhängigkeit einer Schmierstelle von der anderen,**
3. **Sichere Förderung auch gegen hohe Drücke,**
4. **Einfachste Bauart, die keine Reparaturen beansprucht und die es auch dem Ungeübten ermöglicht, die Pumpe zwecks Säuberung auseinanderzunehmen und wieder zusammenzusetzen,**
5. **Leichte Auswechselung des einzigen Pumpenventiles, falls dies versagt, ohne Betriebsstörung.**

19

Die Herstellung unserer Schmierpumpen erfolgt auf Spezial-maschinen unter Verwendung besonderer Werkzeuge, die eine derartige Genauigkeit gewährleisten, daß unbedenklich die Teile untereinander ausgetauscht werden können, ohne daß die Dichtig-keit und somit die Wirkung im mindesten darunter leidet. Viel-fache Versuche haben ergeben, daß auch die geringsten Mengen noch mit Sicherheit gegen hohe Drücke gefördert werden, so daß die sichere Schmierung unter allen Umständen gewahrt wird.

Unsere Schmierpumpe setzt sich aus zwei Gehäuseteilen zu-sammen, dem Unterteil 1094 aus Gußeisen, in dem der Antrieb untergebracht ist, und dem oberen Glasbehälter 1096, der das Schmieröl und die Pumpenkolben enthält.

Der Antrieb erfolgt in bekannter Weise durch die Ratsche 1101. Diese versetzt die Kurbelwelle 1099 in Umdrehung. Die Kurbelwelle ist entsprechend der Anzahl der unterzubringenden Schmierstellen ein- oder mehrmals gekröpft. Bis jetzt führen wir die Pumpe zwei- vier- oder sechsstellig aus. Von jeder Kröpfung der Kurbelwelle aus werden stets zwei Schmierstellen angetrieben.

Der Antrieb der Schmierstellen erfolgt von den Kurbel-kröpfungen der Kurbelwelle aus unter Verwendung einer offenen Kurbelschleife, an deren senkrechter Verlängerung die Hub-stange 1102 angeschmiedet ist. Diese Teile sind, wie die Zeich-nung zeigt, sehr stark dimensioniert. Die Hubstange 1102 ist an dem oberen Ende mehrere Male abgesetzt und trägt hier an einem Querhaupt 1103 die beiden Pumpenplunger 1104, welche sich in den zylindrischen Bohrungen des Untersatzes 1095 auf und ab bewegen. Seitlich sind in jeden dieser Pumpenzylinder Löcher gebohrt. Durch diese wird das im Glasgefäß 1096 befindliche Öl angesaugt. Das Öl passiert hierbei das Filtersieb 1108, wodurch eventuelle Unreinlichkeiten des Öles von der Pumpe ferngehalten werden. Beim Niedergang der Kolben 1104 werden die Saugöff-nungen überdeckt, und das unter dem Kolben in den Pumpen-zylindern befindliche Öl wird nun durch die am unteren Ende der Zylinder angebrachten Druckbohrungen hinausgedrückt. Am Ende der Druckbohrungen sitzen die Druckventile 1109. Als Abschlußorgan ist eine federbelastete, mit vier Öffnungen ver-sehene Lederscheibe 1110 gewählt.

Die Einrichtung zum Regulieren der geförderten Ölmenge ist am oberen Ende der Hubstange 1102 angebracht.

Die Regulierung arbeitet in folgender Weise:

An dem Querhaupt 1103 ist ein zylindrischer Hals angebracht. In diesem gleitet die Mitnehmerhülse 1105, die durch die Feder 1106 dauernd gegen die Einstellmutter 1107 gepreßt wird. Wird nun die Einstellmutter gelöst, so wird durch den Federdruck die Mitnehmerhülse nach oben gedrückt und es entsteht dadurch ein Zwischenraum in der **Längsrichtung** zwischen letzterer und dem zylindrischen Hals des Querhauptes. Wenn die Pumpe arbeitet, so wird zwar die Hubstange 1102 mit Feder 1106, Mitnehmerhülse 1105 und Einstellmutter 1107 dauernd den vollen Hub ausführen, dagegen das Querhaupt 1103 und die daran befindlichen Pumpenkolben 1104 erst dann an dem letzten Teil des Hubes teilnehmen, wenn die Unterkante der Mitnehmerhülse 1105 auf dem zylindrischen Hals des Querhauptes zur Auflage kommt und dadurch die Antriebskraft auf das Querhaupt übertragen wird. Als Sicherung der Einstellmutter gegen selbsttätiges Verstellen ist an dieser ein gezahnter Rand vorgesehen, welcher in den entsprechenden oberen Rand der Mitnehmerhülse eingreift. Die Verstellung der nutzbaren Hubhöhe und dadurch die Regulierung der Ölzufuhr für je zwei Schmierstellen kann in jedem Augenblick während des Ganges der Pumpe erfolgen. Der Lokomotivführer hat nur den Deckel 1098 abzunehmen, um die Einstellmutter betätigen zu können. Es sind die Worte „Mehr", „Weniger" eingegossen und die Drehrichtung der Mutter durch Pfeile markiert. Der Deckel 1098 ist an einem kleinen Kettchen befestigt. Zur Bezeichnung der einzelnen Schmierstellen ist ein Schild angebracht, auf welchem die Schmierstellen mit erhabenen Buchstaben bezeichnet sind. Die entsprechenden Zahlen sind auf den Muttern der Druckventile deutlich sichtbar eingeschlagen. Zwecks Füllung der Ölleitung ist eine von Hand zu bedienende Kurbel 1100 vorgesehen.

Die **Oelförderung** selbst vollzieht sich in folgender Weise: Das im Behälter 1096 befindliche Oel strömt beim Aufwärtsgang der Plunger 1104 durch die Löcher in die Pumpenzylinder. Das Oel passiert hierbei das Sieb 1108 und wird dadurch gereinigt. Beim Niedergang der Plunger 1104 werden die Löcher überdeckt und die in den Zylindern befindliche Oelmenge durch die als Druckventil dienende durchlochte Lederscheibe hindurchgepreßt. Das Oel tritt nunmehr in die Schmierleitung und öffnet durch seinen Druck die an den Schmierstellen befindlichen Rückschlagventile. Beim Rückgang der Pumpenplunger schließt sich das Rückschlagventil 293, wodurch ein Zurückschlagen des Oeles verhindert wird; dann wird wieder die kleine Bohrung freigelegt und das Spiel der Pumpe beginnt von neuem. Das geförderte Oel fließt durch die Schmierleitung zur Verbrauchsstelle. Vor jede Verbrauchsstelle ist ein kombiniertes Rückschlag- und Probierventil 293 geschaltet. Das Oel tritt in dieses durch das V-förmige Sieb ein, drückt das Rückschlagventil 293 beiseite und fließt dann durch die senkrechte Bohrung in den Schieberkasten.

Um zu untersuchen, ob die betreffende Schmierstelle richtig funktioniert, wird der Wirbel des Rückschlagventils hochgeschraubt. Nach einigen Umdrehungen der Pumpe müssen sich dann an dem schrägen Schnabel Oeltröpfchen zeigen.

Auf unserer Zeichnung ist ein Schmierapparat mit zwei Schmierstellen dargestellt. Für größere Maschinen bauen wir Schmierapparate bis zu sechs Schmierstellen. Jede Oelpumpe für je zwei Schmierstellen arbeiten dann in einem besonderen Glasgefäß, so daß für die verschiedenen Verwendungszwecke, z. B. für die Zylinder, dickflüssiges, für Lager dünnflüssiges Oel geschmiert werden kann. Schmierapparate, die in kalten Ländern arbeiten, werden eventuell durch eine besondere Rohrleitung mit Dampf geheizt.

Inbetriebsetzung und Bedienung

Zwecks Inbetriebsetzung der Oelpumpe muß der Behälter mit Oel gefüllt werden. Zur Füllung darf nur die mitgelieferte Oelkanne verwendet werden. Diese enthält im Innern ein feinmaschiges Sieb, das alle Verunreinigungen, namentlich die fasrigen, zurückhält. Es muß nämlich möglichst vermieden werden, daß in die Pumpe derartige Verunreinigungen gelangen, da sonst ein zu zeitiges Verschmutzen der Siebe und der einzelnen Plunger eintritt.

Nunmehr wird die Einstellvorrichtung auf vollen Hub gestellt, um die größtmögliche Oelförderung zu erzielen, die Wirbel an allen Rückschlagventilen nach oben geschraubt und die Pumpe von Hand durch die Kurbel 1100 so lange in Betrieb gesetzt, bis aus allen Rückschlagventilen Oel herausspritzt. Ist dies der Fall, so werden die Wirbel niedergeschraubt. Die Pumpe ist dann betriebsfertig.

Es empfiehlt sich, bei neuen Lokomotiven zu Beginn reichlich zu schmieren und den Schmierölverbrauch nach und nach soweit als möglich herabzusetzen.

Kommt aus einem Ventil kein Oel heraus, dann muß die dazugehörige Pumpe untersucht werden. Gewöhnlich wird der Fehler am Rückschlagventil 293 der Pumpe liegen. Man löse dann die unterhalb der Pumpe liegende Überwurfmutter und biege das Oelrohr beiseite. Dann ziehe man vorsichtig den konischen Einsatz heraus. An diesem hängt vermittels einer kleinen Spiralfeder das Rückschlagventil 293. Die Bohrungen und Sitzflächen des Ventils werden nunmehr gesäubert und das Gehäuse wieder zusammengesetzt. Sollte die Pumpe auch jetzt nicht funktionieren, so löse man die dazugehörige Überwurfmutter 1109, biege das Schmierrohr beiseite, entferne die als Druckventil dienende Lederscheibe und setze dafür eine neue ein. Die Reinigung des

Siebes 1108 erfolgt in regelmäßigen Zeitabständen durch Ausspülen mit Benzin oder Petroleum.

Zu diesem Zwecke sind der Verschlußdeckel 1098 der Schmierpumpe abzunehmen und die sodann sichtbar werdenden Schrauben mit einem Schraubenzieher zu lösen. Man kann dann die obere Abschlußschale 1097 und das Glasgefäß 1096 abnehmen und das Sieb 1108 herausheben. Das Ausspülen des Siebes mit Benzin muß von innen heraus erfolgen, damit das durch das Loch fließende Benzin alle Verunreinigungen nach außen wegspült.

Auch das V-förmige Sieb des Rückschlagventils 293 muß ab und zu mit Petroleum oder Benzin gereinigt werden.

So behandelt, wird die Pumpe unter allen Umständen sparsame und sichere Schmierung bewirken.

Eine etwa durch Lage der Strecke bedingte **Alarmvorrichtung** ist in der untenstehenden Abbildung einer automatischen Glocke **(Dampfläutewerk)** wiedergegeben, welche sich durch Einfachheit in Bauart und Behandlung auszeichnet. Die Wirkungsweise ist folgende :

Durch Einlassen von Dampf in die innere Kammer wird das zum Hohlraum ausgebildete Ventil und mit diesem der Klöppel des Läutewerkes so lange gehoben, bis der Dampf durch einige in das Ventil eingebohrte Löcher entweichen kann. Die plötzliche Druckverminderung unter dem Ventil läßt dieses sowie den Klöppel zurückfallen und letzteren gegen die Glocke schlagen. Sobald die Dampfspannung in der Kammer wieder wächst. wiederholt sich der Vorgang in regelmäßiger Folge.

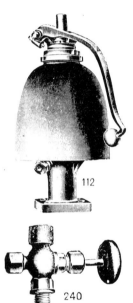

Um ein Bilden von Kondenswasser und damit ein Einfrieren der Kammer bei starkem Frost zu verhüten, ist die erstere Kammer von einer zweiten umgeben, die ständig mit Dampf aus dem Kessel angefüllt ist und erstere erwärmt. Ein Dampfverlust kann hierbei nicht eintreten, da das Läutewerk direkt auf dem Kessel sitzt und die Heizkammer nach außen hin vollständig abgeschlossen ist. Hierin liegt ein großer Vorteil, da das Läutewerk selbst im stärksten Winter jederzeit gebrauchsfertig ist.

Die mit unseren Lokomotiven gelieferten **Dampfstrahlpumpen** sind nachstehend abgebildet. Wie zu ersehen ist, können diese sowohl **rechts** als auch **links** verwendet werden durch einfaches Herumsetzen des Dampfanschlusses. Im übrigen unterscheidet sich der allgemeine Aufbau im wesentlichen nicht von den gebräuchlichen saugenden Dampfstrahlpumpen. Eine durchgreifende Änderung haben wir jedoch an dem **Düsensystem** vorgenommen, um dasselbe während des Betriebes durch einige Handgriffe

24

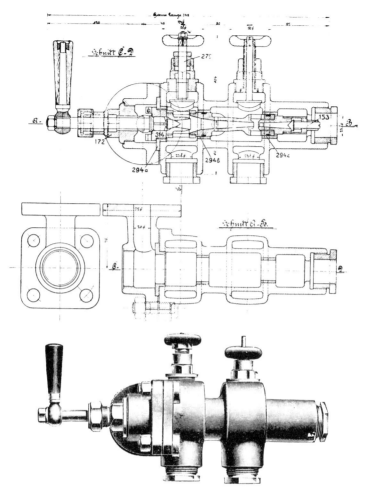

142. Vollständige Dampfstrahlpumpe

herausnehmen und reinigen zu können. Zu diesem Zweck wird mit einem Schlüssel die hintere Verschraubung 172 herausgenommen und in die Öffnungen der mitgelieferte Spezialschlüssel in die Düse 314 derart eingeführt, daß die Ansätze desselben hinter die Knaggen a fassen. Durch Linksdrehen des Schlüssels kann der gesamte Düseneinsatz herausgenommen und gereinigt werden.

Besondere **Rotgußeinsätze 294** a, b, c in dem gußeisernen Gehäuse verhindern ein Festbrennen der Düsen. Da sich Kesselstein gewöhnlich nur an den Übersprüngen ansetzt, dürfte es für

25

gewöhnlich genügen, die vordere Druckdüse herauszuschrauben. Der einzige lose Teil in diesem System ist der Rückschlagkegel 153, der so eingerichtet ist, daß er mit Leichtigkeit durch Aufsetzen eines neuen Stückes erneuert werden kann.

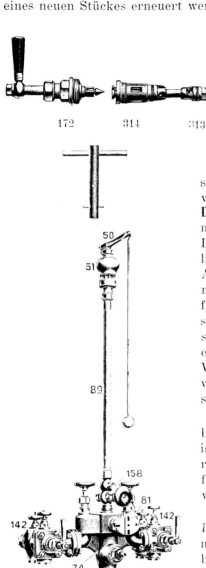

172   314   313

50
51
89
158
81
142   142
74

300. Vollständiger Dampfentnahmestutzen

Das **Anstellen** der Dampfstrahlpumpe geht in der Weise vor sich, daß das Dampfventil am **Dampfentnahmestutzen** geöffnet und der Handgriff an der Dampfstrahlpumpe langsam nach links gedreht wird. Sollte nach Anstellen der Dampfstrahlpumpe noch Wasser aus derselben ausfließen, so ist das Saugventil 279 so weit zuzudrehen, bis die Dampfstrahlpumpe trocken zieht. Für ein gutes Funktionieren ist von Wichtigkeit, daß die Saugrohre völlig luftdicht abgeschlossen sind.

Soll die Dampfstrahlpumpe bei niedrigem Druck arbeiten, so ist die Leistung derselben geringer, also muß die Wasserzuführung entsprechend reguliert werden.

Ein gutes Arbeiten der Dampfstrahlpumpe ist nur dann möglich, wenn alle Teile derselben sich in gutem und brauchbarem Zustand befinden. Deshalb sei an dieser Stelle auf die Umstände hingewiesen, die ein Versagen der Dampfstrahlpumpe veranlassen können. Läßt die Dampfstrahlpumpe beim Ansaugen kein Wasser aus dem Schlabberrohr ausfließen, dann ist das Saugrohr undicht oder der Saugkorb ist verstopft, so daß ein ausreichendes Quantum Wasser nicht mehr zuströmen kann. Hebt die Dampfstrahlpumpe das Wasser jedoch, und der volle Strahl kommt aus dem Schlabberrohr, ohne in den Kessel zu gelangen, so sind folgende Ursachen vorhanden:

Der Ventilkegel im **Speiseventil** sitzt fest, gewöhnlich infolge von Kesselstein, oder das Ventil ist geschlossen und wird dadurch in dem notwendigen freien Spiel behindert; auch können die Düsen in dem Dampfstrahlpumpengehäuse verstopft sein, sei es durch Holzstückchen, Pflanzenfasern usw. Häufig ist der Ansatz von Kesselstein die Ursache des Versagens; auch kann die Dampfdüse gegenüber der Saugkammer nicht abgedichtet sein; der Dampf hat dann Gelegenheit, in die Saugkammer zu gelangen, erwärmt die Kammer stark und macht das Ansaugen zur Unmöglichkeit.

Von großer Wichtigkeit ist das häufig **Reinigen der Wasserkästen,** damit der sich ansammelnde Schmutz nicht in die Saugrohre der Dampfstrahlpumpe gelangt. Bei dieser Gelegenheit prüfe man stets die Saugköpfe oder Saugsiebe der Saugrohre und reinige die Sieblöcher von dem anhaftenden Schmutz

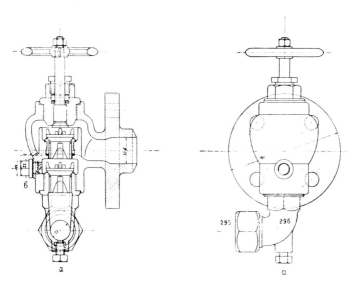

Es wird hierdurch nochmals besonders darauf hingewiesen, daß es häufig nicht an der Dampfstrahlpumpe selbst liegt, wenn diese nicht funktioniert, sondern sehr oft an der Rohrleitung oder am Speiseventil usw.

Die geförderte Wassermenge wird durch das Druckrohr und das **Kesselspeiseventil** dem Kessel zugeführt.

30

Für das Speiseventil haben wir ebenfalls eine besondere Bauart gewählt, um ein sicheres Abschließen und dauerndes Funktionieren zu erzielen. Wie aus der Abbildung ersichtlich, sind **zwei Rückschlagkegel** übereinandergelegt, von denen der obere durch eine Spindel zugedrückt werden kann, wenn der untere einer Nachprüfung unterzogen werden soll. Letzteres geschieht, indem man die Überwurfmutter 295 des Druckrohres und alsdann den Krümmer 296 losschraubt. Die Wasserführung ist derart, daß das Wasser die Kegel gleichmäßig umspült und ein Ausschlagen derselben verhindert. Zur **Entfernung des Wassers** aus dem Druckrohr ist unten eine Schraube a angebracht. Bei Frostwetter dürfte es sich empfehlen, beim Abstellen der Lokomotive die seitliche Ablaßschraube b herauszunehmen, um das Wasser zwischen den Ventilen zu entfernen.

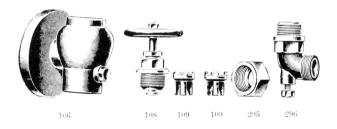

106   108   109   109   295   296

28

Mitunter werden statt zwei Dampfstrahlpumpen **eine Fahrpumpe und eine Dampfstrahlpumpe** geliefert. Die Fahrpumpe
ist derart bemessen, daß sie dem Kessel das erforderliche Wasser
zuführt; deshalb lasse man die Fahrpumpe ununterbrochen arbeiten und nehme die Dampfstrahlpumpe nur dann in Betrieb,

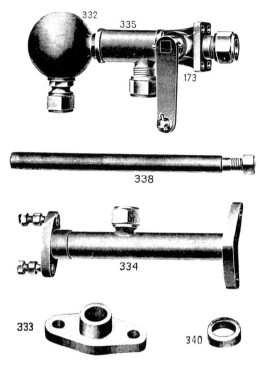

wenn die Pumpe versagt oder man beim Stillstand der Lokomotive speisen will. Zur Inbetriebsetzung der Fahrpumpe wird vom
Führerstand aus der Zuflußhahn geöffnet. Das Wasser wird bei
dem Herausziehen des Pumpenkolbens durch das Saugventil angesaugt und nach oben in das Speiseventil gedrückt. Man achte
darauf, daß das Speiseventil stets geöffnet ist. Sollte jedoch die
Pumpe angestellt sein, ohne daß dies der Fall wäre, so gestattet
ein auf dem Druckrohr angebrachtes Pumpen-Sicherheitsventil
dem Wasser bei einem bestimmten Druck einen Ausweg ins Freie,
damit nicht die Rohrleitung oder das ganze Pumpengehäuse aus-
einandergesprengt werden. Durch einen Prüfhahn kann man fest-
stellen, ob die Pumpe arbeitet oder nicht.

Die **Pumpe versagt,** wenn:

1. Die Ventilkegel (109) in der Pumpe undicht oder verschmutzt sind,
2. der Ventilkegel (109) im Speiseventil nicht dicht hält,
3. der Saugkorb des Saugrohres durch Schmutz, Putzwolle, Pflanzenfasern usw. verstopft ist,
4. die Ventilkegel nach langem Betriebe infolge Abnutzung zu sehr ausgeschlagen sind. Es tritt dann sehr häufig ein starkes Schlagen der Pumpe ein; in diesem Falle erneuere man die Ventilkegel.

Bei Maschinen, welche Dampfstrahlpumpe und Fahrpumpe haben, muß die Dampfstrahlpumpe mindestens täglich **zweimal** geprüft werden, um sich von dem richtigen Funktionieren derselben zu überzeugen.

Die Vorbedingungen, um die **Feuerung** der Lokomotive ordentlich zu regeln und zur höchsten Wirkung zu bringen, sind folgende: Die Kesselwandungen dürfen nicht übermäßig mit **Kesselstein** bedeckt, die Räume zwischen den Heizröhren und Feuerbüchse nicht mit Schlamm angefüllt, die Feuerbüchse, die Heizröhren, die Rauchkammer, der Funkenfänger müssen rein von Schlacken, Asche, Kohlenresten, Staub usw. sein. Die **Feuerbüchse** ist nicht nur auszustäuben, sondern es ist auch der an den inneren Seiten fest anhaftende Graphit zu entfernen, welcher ein schlechter Wärmeleiter ist. Die **Roststäbe,** welche nicht sehr verbrannt und angefressen sein dürfen, müssen voneinander in Entfernungen, welche der Qualität und dem Stückgehalt der Kohle entsprechen, eingelegt werden. Die Tür der Rauchkammer muß gut schließen. Die **Feuertür** darf nicht klaffen und endlich muß die **Aschkastenklappe** ganz geöffnet und geschlossen werden können.

Da Steinkohle ein schwer zu entflammendes Brennmaterial ist, wird, um die **Lokomotive anzuheizen,** zunächst über dem Rost eine Schicht dünner Reiser ausgebreitet, darüber stärkere Holzscheite gelegt, und dann folgt erst eine Lage Kohlen von mittelgroßen und kleineren Stücken. Das Anzünden geschieht von unten durch die Rostspalten mit Resten von gebrauchter Putzwolle oder Hede, am besten mit Schmiere oder Terpentinöl getränkt.

Bevor das Brennmaterial in der Feuerbüchse angezündet wird, hat man sich darüber Gewißheit zu verschaffen. daß das

Wasser im Kessel mindestens bis zum untersten Prüfhahn reicht, der Regler geschlossen ist, die Steuerung auf der Mitte steht, die Zylinderablaßhähne geöffnet sind, die Bremse fest angezogen und genügend Wasser im Tender ist. Wenn das Wasser nicht bis zum untersten Prüfhahn reicht, hat man überhaupt keine Gewißheit, daß die Feuerbüchsdecke vom Wasser bedeckt ist; der Kessel muß dann unbedingt nachgefüllt werden. Unterläßt man dies, so wird die **Feuerbüchsdecke,** häufig auch die Türlochwand und die **Rohrwand,** sehr bald ausglühen und sich stark nach dem Feuer zu ausbauchen. Auch reißen die Stehbolzen ab und eventuell bekommen die Wände Risse, und der Kessel **explodiert** sogar.

Häufig brechen die **Stehbolzen** auch schon vorher an; man kann diese bald herausfinden, wenn man mit einem leichten Hammer der Reihe nach die Stehbolzen schwach anklopft; der unterschiedliche Klang gibt den Defekt an.

Kesselexplosionen kommen auch noch vor, wenn der Kessel bereits so alt und abgerostet war, daß die Bleche zu dünn wurden, um den Druck auszuhalten, oder aber der Druckmesser nicht in Ordnung war und die **Sicherheitsventile** von dem Führer **nachgespannt** oder in irgendeiner Weise an der regelrechten Funktion gehindert wurden; letzteres pflegen die Maschinisten dann zu tun, wenn die Lokomotive schwere Züge in Steigungen ziehen soll und man mit dem amtlich festgesetzten Druck nicht auskommt. Derartige Manipulationen müssen **strengstens** bestraft werden.

Ist der **Regler** nicht geschlossen und nimmt auch gleichzeitig die Steuerung nicht Mittelstellung ein, so wird sich die Maschine, sobald der Dampf die nötige Spannkraft erreicht hat, in Bewegung setzen; daß hierdurch das größte Unglück entstehen kann, braucht wohl nicht weiter betont zu werden.

Es ist möglich, daß bei geschlossenem Regler der Schieber den Dampf nicht ganz von den Einströmrohren abschließt. ebenso, daß auch die Dampfschieber in der Mittelstellung Dampf in die Zylinder lassen. Es ist deshalb gut, wenn man die **Zylinderablaßhähne** öffnet, damit dieser Dampf entweichen kann. Auch ziehe man zur weiteren Vorsicht die Bremse fest an.

Diese Bedingungen müssen vor dem Anheizen erfüllt werden.

Wenn kein Wasser im **Tender** ist, was eigentlich bei einer betriebsfähigen Lokomotive nie vorkommen sollte, muß die größte Vorsicht aufgeboten werden, damit die zulässige Dampfspannung vor der Füllung des Tenders nicht erreicht wird, weil sonst das als Dampf durch die Sicherheitsventile abgeblasene Wasser nicht ersetzt werden kann.

Beim Anbrennen des Feuers und bis für den augenblicklichen Zweck Dampf genug vorhanden ist, bleibt die an dem Aschkasten befindliche Klappe ganz geöffnet. Auch während der Fahrt ist die Klappe nicht ganz zu schließen, da sonst die Roststäbe keine Abkühlung erfahren und bald verbrennen. Wenn die Kohlen in der Feuerbüchse schon angebrannt sind und die Flamme zum Durchbruch kommt, kann die Feuertür etwas geöffnet werden. Die mäßig eintretende Luft, welche mit einer geringen Geschwindigkeit durch die Feuerbüchse streicht, erhitzt sich in der Flamme und zieht heiß durch die Heizröhren.

Sobald der Dampf eine Spannung von $^1/_2$ bis $^3/_4$ Atmosphären erreicht hat, kann er zur Anfachung des Feuers benutzt werden vermittels des **Bläserventils** 158, das sich am Dampfentnahmestutzen befindet.

Es strömt alsdann ein Dampfstrahl durch den Schornstein, welcher die Gase aus der Rauchkammer mit fortreißt und so das lebhafteste Nachströmen der Luft befördert. Beim Gebrauch dieses Ventils ist die Feuertür zu schließen, da andernfalls die Luft durch diese und nicht durch den Rost einströmen würde.

Die Rauchkammertür zu öffnen, ist, wenn nicht die Gefahr eines zu hohen Dampfdrucks es nötig macht, nicht zu empfehlen. In beiden Fällen tritt eine plötzliche und deshalb, namentlich für das Dichthalten der Heizrohre, schädliche Abkühlung ein.

Immer ist beim **Aufgeben der Kohlen** darauf zu achten, daß sie nicht zu nahe vor die Rohrwand geworfen werden oder durch den Zug dahinfliegen; auch dürfen sie vor der Rohrwand nicht höher als bis zu der untersten Heizrohrreihe reichen. Frische Lagen müssen hinten unter der Feuertür sowie in den hinteren Ecken und alsdann an beiden Seiten aufgetragen werden. Während das glühende und flammende Brennmaterial, in einem Halbbogen vor der Rohrwand liegend, eine intensive Hitze und eine bis in die Heizröhren gezogene Stichflamme gibt, hat das frisch aufgebrachte Material Zeit, anzuwärmen und sich zu entzünden. Diese Art der Rostbeschickung hat den Vorteil, daß die Rauchgase verbrennen, indem sie über offenes Feuer streichen und keine starke Rauchbelästigung hervorrufen. Bei geneigt liegenden Rosten rüttelt dasselbe, je mehr vorn wegbrennt, durch die Erschütterungen der Maschine vor, während man auch mit dem **Schürhaken** nachhelfen kann.

Ist die **Dampferzeugung** bei offener Aschkastenklappe keine genügende, was seine Gründe übrigens auch darin haben kann, daß das Feuer nicht richtig angelegt ist, die Kohlen stückarm und schlechter Qualität oder namentlich gegen das Ende der Fahrt die Roste verschlackt und die Heizröhren verstopft sind, so empfiehlt es sich, das Blasrohr zu verengen, und zwar in der Weise, daß man oben in die Ausströmung einen Blechring einsetzt.

Wenn die Austrittsöffnungen des **Blasrohrs** verengt wird, so muß nämlich bei derselben Zylinderfüllung die gleichgroße Dampfmenge aus kleineren Oeffnungen in derselben Zeit entweichen. Der Dampf entströmt alsdann dem Blasrohr und dem Schornstein mit größerer Pressung; die heißen Gase und die Luft werden kräftiger mitgerissen und die frische Luft stürzt mit grösserer Kraft schneller in das Brennmaterial. Sie entflammt dann die Kohlenschichten, welche nicht zum Durchbrennen kommen wollten, und die Flamme reicht bis in die Heizröhren hinein.

Dadurch, daß die heißen Gase und die Flammen mit verstärkter Gewalt vor die Rohrwand und die Heizrohre getrieben werden, hört die gleichmäßige Erhitzung der Feuerbüchse auf, die Rohrwand wird heißer und dehnt sich deshalb gegen die anderen Wände ungleich mehr aus. Es mag dies nicht von jedem für richtig gehalten werden, jedenfalls lehrt die Erfahrung, daß, wenn die Maschine längere Zeit mit verengtem Blasrohr gearbeitet hat, die **Heizröhren** oft, wenn auch nur vorübergehend, **rinnen.**

Eine gute stückreiche Kohle ist die billigste Kohle und zur Erlangung eines flotten Betriebes unbedingt erforderlich.

Das **Bläserventil** (158) kann beim Fahren auf dem **Gefälle,** wenn die Maschine ohne oder mit wenig Dampf läuft, benutzt werden. Man kann annehmen, daß es noch auf die Feuerung wirkt, so lange das Geräusch des ausblasenden Dampfes zwischen den Schlägen hörbar ist.

Es kann nicht ausbleiben, daß bei dem Reinigen des Rostes kalte Luft eintritt, die schädlich wirkt und erfahrungsgemäß das Rinnen der Heizröhren nach sich zieht. **Man hat unter allen Umständen das gleichzeitige Speisen des Kessels zu unterlassen:** dies hat zu Ende der Fahrt, wenn die Maschine noch unter Dampf steht, zu geschehen. Je niedriger der Dampfdruck, also auch je niedriger die Temperatur, um so weniger ist das Rinnen der Heizröhren zu befürchten.

Es ist schädlich, ohne oder bei geringem Feuer in der Feuerbüchse den letzten Rest des Dampfes zum Speisen des Kessels oder den Bläser zum Anfachen des letzten Restes Feuer zu benutzen: es stellt sich dann leicht ein Rinnen der Heizröhren ein.

Sehr stark **leckende Heizrohre** schließt man mit in dem erhältlichen Heizrohrpfropfen vorn in der Rauchkammer und in der Feuerbüchse. Man kann dies jedoch nur dann anwenden, wenn es sich um einzelne wenige Rohre handelt und die Maschine notgedrungen nicht außer Betrieb gesetzt werden kann.

Das Verpfropfen einzelner Heizrohre hat den Vorteil, daß das Leckwerden weiterer Rohre infolge des herabfließenden Wassers auf ein Minimum reduziert wird.

Kommt es vor, daß ein **Heizrohr aufplatzt**, so ist dies fast ausnahmslos darauf zurückzuführen, daß es sehr verrostet oder mit Kesselstein stark besetzt war. In letzterem Fall ist der Vorgang der, daß der Kesselstein plötzlich abspringt, das heiße Rohr durch das neu hinzutretende Wasser abgeschreckt wird und infolgedessen aufreißt. Auch hier pfropft man das Rohr vorn und hinten zu und wechselt es später aus.

Beim **Anfahren** ist mit der Pfeife ein Zeichen zu geben, worauf nach einer kleinen Pause die Ingangsetzung dadurch geschieht, daß der Regler geöffnet wird, und zwar allmählich. Die **Zylinderablaßhähne** welche beim Anfahren offen zu halten sind, können nach einigen Umdrehungen der Räder wieder geschlossen werden. Dieselben sind von Zeit zu Zeit wieder zu öffnen, um das sich in den Zylindern ansammelnde Kondenswasser abzulassen; geschieht dies nicht, so läuft man Gefahr, daß sich eine zu grosse Wassermenge im Zylinder ansammelt, welche der Kolben nicht mehr verdrängen kann, und es passiert, daß der **Kolben,** der vordere **Zylinderdeckel** und häufig auch noch der **Kreuzkopf** in Trümmer gehen **(Wasserschlag).** Derartige Unfälle passieren leider nur allzu häufig, und ist man dann stets geneigt, die Schuld statt auf den unaufmerksamen Führer, auf das Werk abzuwälzen in der Annahme, daß die Befestigung des Kolbens auf der Kolbenstange eine unzureichende war u. a. m.

Von Zeit zu Zeit sind die Lager zu befühlen, ob sie nicht etwa warm gelaufen sind. Sind **warme Lager** vorhanden, so empfiehlt es sich, zunächst die Keile zu lösen und in die Fuge zwischen die Lagerschalen etwas **Schwefelblüte**, die der Führer stets auf der Maschine haben sollte, zu streuen, oder dem Schmieröl solche zuzusetzen und tüchtig zu ölen. Auch ist hin und wieder nachzusehen, ob sich vielleicht Schrauben oder Muttern gelockert haben. Während der Fahrt ist ferner stets auf den **Wasserstand** zu achten resp. dafür zu sorgen, daß immer genügend Wasser im Kessel ist und der Wasserspiegel im Wasserstandsglase sichtbar bleibt. Am Druckmesser ist das Steigen und Fallen des Dampfdruckes zu beachten. Der Dampfdruck soll während der Fahrt immer hoch gehalten werden, jedoch soll derselbe nie über die gesetzlich festgesetzte und am Ziffernblatt mit einem roten Strich bezeichnete Marke steigen. Das Nachspeisen muß stets geschehen, bevor der Wasserstand die tiefste Marke (N.-W.) erreicht hat. Sinkt das Wasser unter die unterste Marke und ist es im Glase nicht mehr zu sehen, so muß das Feuer sofort herausgezogen werden, da zu befürchten ist, daß die Feuerbüchsdecke nicht mehr mit Wasser bedeckt ist.

Ist dagegen der Wasserstand durch achtloses Einspeisen so gestiegen, daß eventuell sogar der Wasserspiegel nicht mehr im Glase zu sehen ist, dann muß der **Kessel** unbedingt auf den richtigen Wassertand **abgelassen** werden; hierbei soll die Maschine möglichst stillstehen. Bei schmutzigem und schlechtem Speisewasser ist der Kessel öfter, unter Umständen täglich, abzulassen, so daß das Wasser im Glase mehrere Zentimeter fällt; vorher muß natürlich soviel eingespeist werden, daß nach dem Ablassen noch der richtige Wasserstand verbleibt.

Jede Lokomotive soll in der Zeit, während welcher sie nicht arbeitet, vor allen äußeren schädlichen Einflüssen geschützt sein; sie ist derart zu stellen, daß man sie jederzeit von allen Seiten untersuchen kann, um eventuelle Mängel aufzufinden und dieselben leicht zu beseitigen.

Zu diesem Zweck ist es notwendig, daß sich die Lokomotive in einem geschlossenen **Schuppen** befindet, welcher derartige Abmessungen hat, daß er mindestens $3\frac{1}{2}$ bis 4 m länger und $3\frac{1}{2}$ m breiter als die Maschine ist. Dieser Schuppen soll eine kleine

Werkbank mit Schraubstock sowie eine Feldschmiede besitzen; ferner einen verschließbaren Kasten, in welchem die Reserveteile, Werkzeuge, Dichtungsmaterialien usw. sich befinden. Die Lokomotive muß über einer ausgemauerten oder mit starken Brettern ausgeschlagenen **Löschgrube** aufgestellt werden können, welche mindestens 2,5 m lang und 1,2 m tief sein soll.

Wenn die Lokomotive nach dem Dienst in den Schuppen kommt, soll der hochgespannte Dampf im Kessel nicht plötzlich abgelassen werden; die Maschine soll vielmehr allmählich erkalten, da der Kessel durch die sonst zu schnelle Abkühlung leicht in den **Nähten undicht** wird und die Heizröhren rinnen. Der **Schornstein** soll mittels Blechschieber abgedeckt werden.

Da Lokomotivkessel nur innen gefeuert werden und nicht, wie stationäre Anlagen, außen, so ist die natürliche Erscheinung, daß die Kesselteile im Innern des Kessels sich strecken, während der Außenkessel, der kalt bleibt, dieser Bewegung nicht folgt. Durch die Verschiebung der Teile kommt es hin und wieder, bei **neuen Kesseln naturgemäß häufiger,** vor, daß Stehbolzen, Nähte, Nieten und Schrauben undicht werden.

Um die **Undichtheiten** zu beseitigen, lasse man den Druck im Kessel ab und verstemme die betreffenden Stellen. Jedenfalls lasse man aus Bequemlichkeit nicht das Uebel veralten, da sonst unheilbare Schäden eintreten.

Das **Verstemmen** erfolgt mit einem **Meißel,** dessen Schneide wie b andeutet, rundlich abgestumpft ist. Häufig werden nach Skizze a zugeschärfte Verstemmer verwendet, welche jedoch leicht

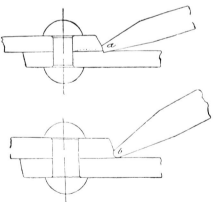

zu Beschädigungen der Kesselbleche Anlaß geben. Wie die Skizze a zeigt, schlägt sich die scharfe Kante des Meißels in das

Blech ein und hebt die abzudichtende Kante, wie die punktierte Linie andeutet. Man vermeidet durch einen Verstemmer mit abgerundeter Kante b den geschilderten Uebelstand und erhält leicht eine dichte Kante.

Sollte vor dem Verstemmen die Stemmkante nicht glatt sein, so ist dieselbe mit einem scharfen Meißel zu ebnen und abzuschrägen.

Wird zur Verminderung des Dampfdruckes die Dampfstrahlpumpe in Betrieb gesetzt, so darf während der Zeit das Feuer nicht gelöscht werden. Zur Verminderung des Ansammelns von Wasser in den Zylindern sind die Zylinderablaßhähne geöffnet zu halten. Ueberhaupt muß die Lokomotive von jeglichem Schmutz und übergeflossenem Oel gereinigt werden.

Sämtliche Lager sind genau zu prüfen, ob sie sich in ordnungsmäßigem Zustand befinden, ebenso sämtliche Schmiergefäße, ob sie sich etwa während des Dienstes gelockert haben.

Nach Erkalten der Maschine sind die Rohre mit der Rohrstange von Ruß zu reinigen, ebenso die **Rauchkammer,** sowie das Blasrohr.

Der **Kessel** ist bei gutem Wasser alle 10 Tage, bei schlechtem Wasser mindestens jede Woche, abzulassen und gründlich zu **säubern.** Es ist vor allen Dingen darauf zu achten, daß der sich auf dem Feuerbüchsbodenring zwischen den eisernen und kupfernen Wänden ablagernde Schlamm usw. entfernt wird.

Vor plötzlichen Abkühlungen des Kessels ist zu warnen.

Zum Auswaschen des Kessels ist am besten Wasser aus einer Druckwasserleitung oder aus einem mindestens 10 Meter hoch gelegenen Bassin zu verwenden. Da, wo Druckwasser nicht vorhanden ist, wird der Mangel an einer guten Auswaschvorrichtung oft unangenehm empfunden. Die kleinen **Kesseldruckpumpen,** die man hin und wieder versuchte, für Auswaschzwecke herzurichten, geben keinen Strahl, der ununterbrochen stark genug ist, um den vorhandenen Schlamm und Kesselstein zu entfernen. In Ermangelung einer entsprechenden Vorrichtung unterbleibt häufig das Auswaschen des Kessels oder es wird nur unzureichend und oberflächlich ausgeführt, und man kann schließlich nicht einmal dem Personal einen Vorwurf machen, wenn sich leichtere oder schwerere Schäden am Kessel infolge der mangelhaften Reinigung einstellen.

Mit Rücksicht auf diese Umstände haben wir uns veranlaßt gesehen, eine Pumpe zu konstruieren, welche sowohl

zum Auswaschen und gründlichen Reinigen des Kessels, als auch zur Vornahme der regelmäßig wiederkehrenden Wasserdruckproben benutzt werden kann.

Die Pumpe 362 ist sehr kräftig gehalten und besteht, wie untenstehende Abbildung zeigt, aus einem schmiedeeisernen, verzinkten Bassin, der eigentlichen Pumpe mit Doppelkolben, dem Stahlrohr mit 2 m langem Schlauch und dem Windkessel. Auf Wunsch liefern wir auch einen Druckmesser mit, welcher an Stelle des Windkessels, der ja bei Druckproben nicht erforderlich ist, aufgeschraubt werden kann.

Soll die Pumpe zum Auswaschen des Kessels dienen, so wird der große Kolben eingeschaltet, was durch einen einfachen Handgriff leicht zu bewirken ist, und das Bassin mit Wasser gefüllt. In Tätigkeit gesetzt, gibt die Pumpe einen stetigen, kräfti-

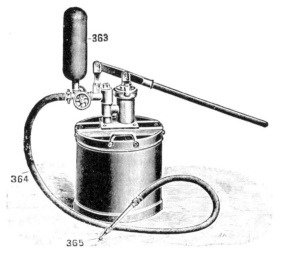

gen Strahl, mit dem aller Schlamm und der nicht allzu festsitzende Kesselstein leicht entfernt werden kann. Die Betätigung kann durch einen Burschen erfolgen.

Soll die Pumpe zur Vornahme von **Druckproben** benutzt werden, so ist der kleine Kolben einzuschalten, der Schlauch abzuschrauben und dafür das von uns mitgelieferte Kupferrohr anzubringen und vermittels der zum Speiseventil passenden Ueberwurfmutter mit dem anderen Ende an den Kessel anzuschließen. Wenn der Anschluß auch für Lokomotiven passen soll die nicht von uns geliefert sind, so ist uns bei der Bestellung anzugeben, was für ein Gewinde der Speiseventilstutzen aufweist oder, wenn das Speiserohr mittels Flansch am Speiseventil befestigt ist, eine Papierschablone, welche die Form des Flansches mit Löchern angibt, einzusenden.

Da es bei der Kesselherstellung unvermeidlich ist, daß Oel und Fett in das Innere kommt, so kochen wir nach der Druckprobe unsere Dampfkessel mit Soda aus und blasen das Wasser unter Hochdruck aus dem Kessel heraus. Dabei ist es nicht zu vermeiden, daß trotz alledem noch Fett-Teile zurückbleiben, welche das Auswerfen des Wassers bei der im Betriebe befindlichen Lokomotive verursachen. Falls sich das Auswerfen des Wassers bemerkbar macht, empfiehlt es sich, dem Speisewasser 1—2 kg Soda zuzusetzen und den Kessel nochmals auszuwaschen worauf dann diese Erscheinung verschwinden wird.

Die Ansammlung von Koksteilchen in der Rauchkammer muß strengstens vermieden werden, da dieselben sich während der Fahrt, namentlich, wenn das Bläserventil geöffnet ist, leicht entzünden, die Rauchkammer zum Erglühen bringen und das Eisenblech dann leicht durchbrennt.

Der **Regler** soll stets dicht sein; aus dem Kessel mitgerissene Unreinlichkeiten, die sich auf die Dichtungsflächen legen, machen den Regler undicht und riefig. Man schabe die Flächen sorgfältig nach, bis sie wieder sauber decken.

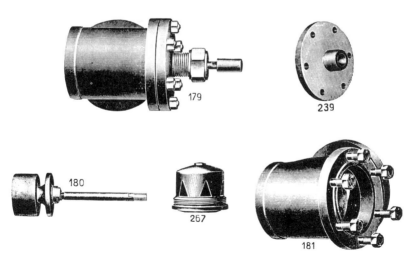

Bei den Ventilreglern kommen Schmiervorrichtungen irgendwelcher Art nicht in Betracht.

Um festzustellen, ob **Radreifen** gesprungen sind, klopft man sie mit einem leichten Hammer an; ein heller Ton ist der Beweis, daß die Radreifen in Ordnung sind; ist der Ton dumpf, so kann der Radreifen gerissen oder lose sein.

Bei starken Stößen kommen leicht **Federbrüche** vor. In der Regel brechen zuerst die oberen Lagen nach der Mitte zu, und man sollte sich durch öftere Revisionen von dem guten Zustande der Federn überzeugen.

Sind aus Gründen der Revision die Achsgabelstege herausgenommen worden und nicht sorgfältig eingesetzt, so kann es leicht vorkommen, daß die **Achsausschnitte** für die Achskisten in dem Rahmen oben an den Ecken einbrechen.

Die **Wasserkästen**, namentlich die Abteilung, aus welcher die Dampfstrahlpumpen saugen, sind von dem sich absetzenden Schlamm zu reinigen. Bei neueren Lokomotiven müssen sämtliche Dichtungsschrauben öfters und gut nachgezogen werden; versäumt man dies, so kann es vorkommen, daß die Dichtungsstellen stets rinnen und nicht mehr in Ordnung gebracht werden können.

Befinden sich mehrere Schrauben an einer Fläche wie beim Zylinder- und Schieberkastendeckel, so hat das Anziehen derselben gleichmäßig leicht zu erfolgen, und man hüte sich, die Schrauben gleich fest anzupressen. Es sind stets die gegenüberstehenden Schrauben anzuziehen, und zwar so oft, bis die Dichtungsfläche dicht ist, andernfalls werden die Deckel gesprengt oder die Bolzen abgerissen; bei Kupferdichtungen genügt ein sanftes Anziehen der Schrauben, um die verlangte Dichtigkeit zu erzielen.

Im Winter ist vor allem dafür zu sorgen, daß das Maschinenhaus derart gebaut ist, daß die Temperatur in demselben nicht unter Null sinkt.

Besonders sind bei Kälte die **Zylinder** und die **Rohrleitung** gefährdet, da dieselben unfehlbar platzen oder aufreißen, wenn das etwa in denselben befindliche Wasser gefriert. Durch Unachtsamkeit der Führer kommt es jeden Winter vor, daß durch **Frost** gesprengte Zylinder erneuert werden müssen, was natürlich immer viel Geld kostet.

Sind einige Tage ohne Betrieb bei starker Kälte in Aussicht, dann ist es sehr zweckmäßig, das Feuer im Kessel schwach zu unterhalten, damit keine Teile einfrieren können.

Bei größerer Kälte darf die Lokomotive über Nacht nicht mit gefülltem Kessel im Freien stehenbleiben. Ist kein geschlossener Raum vorhanden, in welchem man die Lokomotive unterbringen kann, so lasse man den Kessel und den Tender auslaufen. Es darf dies aber erst dann geschehen, wenn nur noch ganz wenig Dampfdruck vorhanden ist, damit sich der Kessel nicht zu schnell abkühlt. Feuertür und Aschkastenklappe sind dabei zu schließen.

Soll eine Lokomotive auf längere Zeit **außer Betrieb** gestellt werden, so darf weder im Kessel noch in den Wasserkästen Wasser stehenbleiben. Im Kessel sind besonders die Heizrohre gefährdet; auf diesen bilden sich Luftblasen, unter welchen die Rohre durchrosten. Gewöhnlich wird dann dem Lieferanten der Vorwurf gemacht, schlechtes Material geliefert zu haben. Die Rauchkammer muß gründlich von Flugasche gereinigt werden, sonst rosten die Rohrwand, der untere Teil der Rauchkammer und die Tür stark an.

Der **Druckmesserhahn** wird geschlossen, der Druckmesser abgeschraubt und der Sack des Druckmesserrohres vom Wasser befreit, ebenso die Speiserohre. Der Sack am Druckmesserrohr hat den Zweck, stets einen Teil kalten Wassers zwischen dem Druckmesser und dem Dampfraume stehenzulassen, damit die Druckmesserfeder nicht dem heissen Dampf ausgesetzt wird. Bei starker Kälte kann es auch vorkommen, daß selbst während des Ganges der Maschine das Druckmesserrohr einfriert. Hiergegen schützt man sich am besten durch Einwickeln dieses Rohres mit schmalen Filz- oder Tuchstreifen.

Blasen die **Sicherheitsventile** ab, ohne daß der Zeiger des Druckmessers auf dem „roten Strich" steht, dann ist der **Druckmesser** nicht in Ordnung. Im Winter, bei scharfer Kälte, kann sich, wie vorher erwähnt, Eis in dem gebogenen Rohr gebildet haben; um dies zu untersuchen, schließt man den Druckmesserhahn, schraubt den Druckmesser ab und sieht, ob Dampf durch das Rohr strömt, wenn man den Hahn langsam wieder öffnet; kommt kein Dampf, so muß das Rohr vorsichtig aufgetaut werden. Kann die Ursache, warum der Druckmesser unrichtig zeigt, nicht gefunden werden, dann ist derselbe zur Reparatur nach dem Werk zu senden, da der weitere Gebrauch eines solchen Druckmessers unzulässig ist. Ersatz-Druckmesser werden stets vorrätig gehalten und können daher immer sofort geliefert werden.

Jede Lokomotive sollte zwei kleine Winden (am besten **Schlitten-Winden**) mit sich führen, sowie eine etwa 6 cm starke

Planke, um sich sofort helfen und die Maschine auf der Strecke, wenn sie entgleist oder gar umfällt, wieder in das Gleis heben zu können, sofern nicht die Lage eine derartige ist, daß größere Hilfsvorrichtungen und Mannschaften notwendig sind.

Beschreibung über Einstellung der Heusingersteuerung

Vor Einstellung der Steuerung muß festgestellt werden, ob sich nicht die Gelenke und Gelenkbolzen ausgeschlagen haben, so daß hier erst eine durchgehende Reparatur notwendig ist.

Die Länge der Schwingenstange ist, durch das Vorhandensein eines exzentrischen Lagers an der Gegenkurbel, um einige Millimeter verstellbar.

Die Einregulierung der Steuerung erfolgt nun auf folgende Weise: Man stelle das Steuerhändel auf Mitte, die Maschine in den vorderen Totpunkt und stelle den Schieber so auf den Schieberspiegel ein, daß der vordere Einströmkanal um 3 bis etwa 4 mm geöffnet ist. Schiebt man jetzt die Maschine in den hinteren Totpunkt, so muß der hintere Einströmkanal um das gleiche Maß geöffnet sein. Stimmt die Voröffnung am vorderen und hinteren Einströmkanal nicht überein, so ist der Schieber durch Verstellen an den Stellmuttern soweit nach der betreffenden Seite herabzuschieben, bis beiderseitig gleiche Voröffnung erreicht wird. Die Steuerung muß nun durch Verlegen des Steuerhändels in die Vorwärts- oder Rückwärtsfahrtstellung umgestellt werden können, ohne daß sich der Schieber dabei in der Totpunktstellung der Kurbel bewegen darf, tut er dies doch, so darf es sich nur um kleine Abweichungen handeln, die man am besten durch Verstellen des Schiebers so einreguliert, daß annähernd gleiche Voreilung bestehen bleibt.

Sollte dies wegen größerer Unstimmigkeiten nicht ohne weiteres möglich sein, so ist anzunehmen, daß die Kulisse nicht senkrecht zu der Schieberschubstange steht. Man löse dann die Exzenterstange und stelle fest, ob dieselbe verlängert oder verkürzt werden muß, damit der Schieber bei der Bewegung des Steuerhändels in Ruhe bleibt. Bei voll ausgelegter Kulisse muß der Schieber bei etwa $75^0/_0$ Füllung den Eintrittskanal abschließen.

Die vorstehende Beschreibung gilt sowohl für Flach- als auch für Kolbenschieber. Die Abweichung besteht hierbei lediglich darin, daß bei dem Kolbenschieber meist die Innenkante beim Flachschieber ausschließlich die Außenkanten für die Feststellung der Voreilung in Frage kommen.

Beachtenswerte Winke für die Behandlung von Lokomotiven mit stählernen Feuerbüchsen

1. Stahlfeuerbüchsen sind sehr empfindlich gegen Wärmeschwankungen; rasche Wärmesteigungen und Abkühlungen sind deshalb unter allen Umständen zu vermeiden.

2. Viel sorgfältiger noch als bei Lokomotiven mit kupferner Feuerbüchse ist bei Lokomotiven mit Stahlfeuerbüchse während der Fahrt das Feuer so zu regeln, daß die Dampfentwicklung dem jeweiligen Dampfverbrauch entspricht, d. h. die Lokomotive darf nicht überanstrengt werden.

Es darf keinesfalls die normale Leistung in bezug auf die zu schleppende Bruttolast oder größere Geschwindigkeiten, um Zugverspätungen einzuholen, überschritten werden.

3. Bei der Fahrt ist darauf zu achten, daß der Rost mit brennender Kohle in genügender Schichthöhe bedeckt ist, um das Durchströmen nicht genügend vorgewärmter Luft zu verhindern. Ferner ist darauf zu achten, daß alle vier Feuerbüchsecken mit genügend Kohle aufgefüllt sind, denn gerade an den Ecken liegt sonst die Kohle nicht so gut aufgeschichtet, so daß unnötig viel kalte Luft durchströmt und die Feuerbüchsnietnähte ungünstig beansprucht werden. Besonders beim Anfahren und auf stärkeren Steigungen müssen größere Zylinderfüllungen gegeben werden, die starke Auspuffschläge im Schornstein erzeugen und somit viel Luft unter dem Rost ansaugen, so daß bei vorhandenen Löchern in der Kohlenschicht und bei nicht genügend bedecktem Rost die Gefahr einer plötzlichen Abkühlung der Feuerbüchswände besonders groß ist.

4. Kommt die Lokomotive des Abends in den Schuppen, so wird mit dem vorhandenen Dampf eine Dampfstrahlpumpe gespeist und das Wasser im Kessel auf den ungefähr höchsten Wasserstand gebracht, wodurch der Dampfdruck sinkt, denn mit dem höchsten Dampfdruck darf die Lokomotive nicht über Nacht stehengelassen werden. Man speist so lange, bis der Dampfdruck im Kessel etwa 6 Atm. beträgt. Kommt hierbei zu viel Wasser in den Kessel, so muß dieses langsam abgelassen werden.

5. Ueber Nacht muß die Aschkastenklappe geschlossen sein, und der Schornstein ist mit einem in der Mitte mit einem etwa 40 mm Loch versehenen Blechdeckel abzuschließen, damit die Feuerbüchse allmählich abkühlt und keine Frischluft vom Schornstein aus eingesaugt werden kann.

6. Die in der Feuerbüchse befindliche Kohle nach Einfahrt der Lokomotive in den Schuppen darf nicht entfernt werden, sondern das auf dem Rost befindliche Feuer darf nur allmählich auslöschen, weshalb die Aschkastenklappe und der Schornstein geschlossen werden. Ferner ist darauf zu achten, daß der Aschkasten am Kesselbodenring anliegt, und der Aschkasten muß ausgerichtet werden, wenn er sich im Betriebe verzogen hat, andernfalls tritt kalte Luft durch die vom Verziehen des Aschkastens herrührenden Oeffnungen und bestreicht direkt die Feuerbüchswände, was vermieden werden muß.

Die Reinigung des Kessels muß in entsprechenden Zeitabschnitten, welche sich nach dem Kesselsteingehalt des Wassers richten, gründlich erfolgen. Der Kesselstein an den Feuerbüchswänden und an den Nietnähten muß gründlich entfernt werden, andernfalls nützt die erwähnte übrige Behandlung nichts.

Erst nachdem sich der Kessel genügend abgekühlt hat und kein Druck mehr im Kessel vorhanden ist, darf das Kesselwasser abgelassen werden.

Das Auswaschen und Füllen des Kessels mit kaltem Wasser ist strengstens zu untersagen.

Kaltes Wasser darf nur verwendet werden, wenn der Kessel auch kalt ist.

Anleitung für den Betrieb mit feuerlosen Lokomotiven

Um die Lokomotive dienstbereit zu machen, wird der Recipient bis etwa $^2/_3$ seines Inhaltes mit möglichst etwas vorgewärmtem Wasser gefüllt, welches am besten durch den unter dem Kessel angebrachten Ablaßhahn mittels eines Schlauches eingeführt wird. Beim Einlassen des Wassers ist der Luft in dem Kessel durch Oeffnen des Regulators und der Zylinderablaßhähne Gelegenheit zum Entweichen zu geben. Die Steuerung ist dabei nach vorwärts oder rückwärts zu verlegen. Nachdem das Wasseraufffüllen beendet ist, sind der Regulator und die Zylinderablaßhähne wieder zu schließen, die Steuerung auf den Totpunkt zu stellen, worauf die Ueberleitung des Dampfes geschehen kann. Zu diesem Zweck ist vorn am Recipient ein Absperrventil angeordnet, an welches eine isolierte Rohrleitung der stationären Dampfkesselanlage angeschlossen wird. Hierbei ist zu beachten, daß die an der Rohrleitung befindliche Ueberwurfmutter fest angezogen sein muß. Es wird nunmehr zunächst durch Oeffnen des entsprechenden Ventils am stationären Kessel der hochgespannte Dampf in die Verbindungsleitung gelassen und dann erst das Absperrventil am Recipienten geöffnet. Der Dampf tritt anfangs mit ziemlich heftigem Geräusch ein und erhitzt das Wasser bis annährend zu der Temperatur des Dampfes bzw. entwickelt in dem Kessel eine Dampfspannung, welche ungefähr der im stationären Kessel vorhandenen gleichkommt.

Nach erfolgter Füllung muß zunächst das Absperrventil am Recipienten und dann das Ventil am stationären Kessel geschlossen werden; alsdann ist die Verbindungsleitung durch ein angebrachtes Entleerungshähnchen drucklos zu machen, worauf die Rohrverbindung zwischen Leitung und Lokomotive gelöst werden kann. Die Lokomotive ist jetzt betriebsfähig und kann nunmehr in der bei gefeuerten Lokomotiven üblichen Weise in Gang gesetzt werden.

Ueber die Dauer der Betriebsfähigkeit mit einer Füllung entscheiden die Verhältnisse. In den meisten Fällen hält eine Füllung einen halben Tag vor und muß erst wieder erneuert werden, sobald der Dampfdruck auf 1 Atm. gesunken ist. Hierbei ist zu beachten, daß die Maschine **bis herab zu etwa 2 Atm. Dampfdruck noch Lasten ziehen kann, und mit einem niedrigeren Dampfdruck, etwa bis ca. 1 Atm., in der Lage ist, sich selbst einige hundert Meter weit fortzubewegen.**

Das Wiederauffüllen wird je nach der Leistungsfähigkeit der stationären Kesselanlage schneller oder langsamer vor sich gehen. Für gewöhnlich kann man indessen mit einer Minute Zeitaufwand pro Atmosphäre rechnen. Eine neue Zufuhr von frischem Wasser ist nicht nötig, denn ein großer Teil des eingeführten Dampfes kondensiert und bringt ebensoviel Wasser in den Kessel, wie durch die Zylinder als kondensierter Dampf von der vorhergehenden Füllung hinausgeworfen wird.

Die Füllung des Recipienten kann auch während anderweitiger Inanspruchnahme des stationären Kessels erfolgen, vorausgesetzt, daß derselbe nicht zu klein ist oder schon übermäßig stark beansprucht wird. In diesen Fällen würde die Füllung vorteilhaft vor Eröffnung des Betriebes oder während der Betriebspause vorgenommen werden.

Bei Bestellung von Ersatz- und Reserveteilen ist stets die auf dem Kesselschild angegebene Fabriknummer der Lokomotive anzugeben.

Inhalts-Verzeichnis